Monika Gänsler

FRÖHLICHES LAUBSÄGEN

Kunterbunte Motive aus Sperrholz

frechverlag

Ich bin ein kleiner Bär

(Abbildung Seite 1 und Seite 7)

Motivhöhe: ca. 33 cm

Sperrholz:
40 cm x 25 cm, 6 mm dick
Farben: Hautfarben, Weiß, Schwarz, Braun, Grün, Rot, Blau und Gelb

Im Kinderzimmer fühlt sich dieser Bär am wohlsten. Nachdem Sie den Burschen ausgesägt haben, säubern Sie die Kanten. Danach malen Sie ihn bunt an. Um den Teddy als Fenster- oder Wandbild aufhängen zu können, müssen Sie das Sperrholz mit einem Holzbohrer durchbohren und ein Schleifenband durchziehen. Wenn Sie den Bären lieber durch eine Grünpflanze marschieren lassen möchten, brauchen Sie nur einen abgeflachten Rundholzstab anzuleimen. Fertig!

Fotos: frechverlag GmbH + Co. Druck KG, 70499 Stuttgart;
Fotostudio Ullrich & Co., Renningen

Dieses Buch enthält:
2 Vorlagenbogen

Auflage: 5. 4. 3. 2. | Letzte Zahlen
Jahr: 2002 2001 2000 1999 | maßgebend

frechverlag GmbH + Co. Druck KG, 70499 Stuttgart

ISBN 3-7724-2408-2 · Best.-Nr. 2408
Druck: frechverlag GmbH + Co. Druck KG, 70499 Stuttgart

AN DIE SÄGE, FERTIG, LOS!

Schnell ein Stück Sperrholz und eine Laubsäge besorgen, und dann kann es losgehen!

Die Tier- und Gemüsemotive werden auf Holz übertragen, ausgesägt, bearbeitet und nach Wunsch bemalt. Ruck, zuck sind originelle Handtuchhalter, Schlüsselbretter, Blumenstecker, dekorative Aufsteller, Fenster- oder Wandbilder fertig und schmücken Ihre Wohnung. Natürlich können Sie solch ein Prachtexemplar auch verschenken.

Die meisten Modelle sind recht einfach anzufertigen, so daß auch Ihr Nachwuchs mit etwas Übung und ein wenig Hilfe zeigen kann, was in ihm steckt. Beim Aussägen und Bemalen können die Kids mit eigenen Händen etwas formen und gestalten. Das fördert ihre Feinmotorik und Kreativität.

Am besten wählen Sie rasch ein Motiv aus, dann kann der große Säge- und Malspaß gleich beginnen!

Material & Werkzeug

Für alle Modelle benötigen Sie:
Sperrholz (Stärke: 6 mm und 8 mm)
Laubsäge
Feile
Schleifpapier
Kopierpapier
Transparent- oder Butterbrotpapier
Klebeband
Bleistift

TIP Pappel-Sperrholz läßt sich leicht aussägen und ist daher für das Laubsägen mit Kindern besonders gut geeignet.

TIP Damit die Rückseite genauso hübsch bemalt werden kann, müssen Sie alle Innenlinien spiegelverkehrt auf die Motivrückseite übertragen. Dazu pausen Sie das Motiv vom Vorlagenbogen mit allen Innenlinien auf Transparent- oder Butterbrotpapier ab, legen das Papier mit der bemalten Seite nach unten auf die Rückseite des bereits ausgesägten Motivs (genau abschließend) und ziehen die aufgemalten Innenlinien nach. Der Graphit überträgt sich so auf das Sperrholz.

Für einzelne Modelle nach Bedarf:
Holzbuchstaben (z. B. von Hobbidee)
Rundholzstäbe (ø 1 cm)
Holzknöpfe
Messinghaken
Schleifenband
Schraubenzieher
Holzbohrer (verschiedene Größen)
Bohrmaschine
Schraubzwinge
Dünnen schwarzen Stift
HOLZ-PEN in verschiedenen Farben
HOLZ-PEN in Schwarz mit dünner Spitze
Bastellack (von Hobbidee) oder Sprühlack
Ellipsen- und Kreisschablone
Holzleim
UHU fix und fest (Klebekissen)
Heißklebepistole
Bilderklappösen
Messingschrauben
Dübel

So entstehen die bunten Laubsägearbeiten

1. Nachdem Sie auf die Sperrholzplatte (6 mm dick für Stabdekos, Fenster- und Wandbilder, 8 mm dick für Standfiguren, Schlüsselbretter, Garderoben und Handtuchhalter) einen Bogen Kopierpapier und darüber den Vorlagenbogen gelegt haben, fixieren Sie beide Bogen mit einem Klebestreifen auf dem Sperrholz. Jetzt brauchen Sie nur noch das gewünschte Motiv (einschließlich der Innenlinien) auf dem Vorlagenbogen mit einem Bleistift nachzuziehen.

1

2. Sägen Sie das Motiv mit einer Laubsäge aus, und bearbeiten Sie die Kanten mit Feile und Schleifpapier. In den Ecken sägen Sie langsam auf der Stelle und drehen dabei Ihr Motiv ganz langsam.
Damit Sie die Sperrholzplatte beim Aussägen nicht ständig mit der Hand festhalten müssen, können Sie sie mit einer Schraubzwinge am Tisch festschrauben.

2

3. Wenn Sie das Motiv fertig bearbeitet haben, können Sie es anschließend noch mit HOLZ-PENS oder einer anderen, für Holz geeigneten Bastelfarbe anmalen.
Nach dem Trocknen der Farbe wird das Motiv nach Wunsch fertiggestellt. Wenn Sie den Pinguin als Blumenstecker verwenden möchten, leimen Sie beispielsweise einen Rundholzstab an (siehe auch Seite 6).
Als Schutz gegen Feuchtigkeit empfiehlt es sich, die Laubsägearbeit abschließend zu lackieren. Am besten verwenden Sie einen geeigneten Sprühlack, damit Sie die Farbe auf keinen Fall wieder anlösen.

3

Tips zum Fertigstellen und Anbringen der Modelle

Stabdekorationen

Bevor Sie den Rundholzstab an Ihr Motiv leimen, sollten Sie ihn auf einer Seite (Klebestelle) abflachen. Dazu sägen Sie den Stab an einer Seite in der Mitte einige Zentimeter weit ein. Dann sägen Sie die eine Hälfte ab (siehe Abbildung 3, Seite 5).

Die Schnittstelle wird mit Leim bestrichen, das Motiv daraufgelegt und beides zusammengepreßt (eventuell Schraubzwinge benutzen). Zum Schluß können Sie Ihre Blumenstecker noch mit einer hübschen Schleife versehen.

TIP **Alle Motive können Sie auch „umfunktionieren“ und ganz nach Ihren Wünschen als Blumenstecker, Fenster- oder Wandbild, Türschild, Handtuchhalter, Garderobe oder Schlüsselbrett ausarbeiten.**

Handtuchhalter, Garderobe oder Schlüsselbrett

Wenn Sie Holzhaken anbringen möchten, durchbohren Sie Ihr Motiv an drei Stellen mit einem entsprechenden Bohrer. Die Holzhaken werden durch die Bohrlöcher gesteckt und von hinten mit einer Schraube festgeschraubt. Kleine Metallhaken können Sie direkt von vorne in Ihr Motiv schrauben.

Das fertige Motiv können Sie mit UHU-Klebekissen befestigen (Gebrauchshinweise auf der Verpackung beachten) oder auch an Ihre Wand schrauben. Falls Sie schwere Teile daranhängen möchten, durchbohren Sie Ihr Motiv an zwei Stellen, halten dieses an die Wand und markieren mit einem Bleistift die Bohrstellen. Nachdem Sie die Löcher in die Wand gebohrt haben, können Sie Ihr Holzteil mit Schrauben und Dübeln befestigen.

Bilderklappösen eignen sich ebenfalls zum Anbringen der Modelle. Diese werden von hinten an das Motiv genagelt oder mit Heißkleber fixiert.

Ich bin ein kleiner Bär

(Anleitung Seite 2)

Hühnerhof

Motivhöhen: ca. 35 cm, 28 cm und 22 cm

Sperrholz:
40 cm x 40 cm, 8 mm dick
35 cm x 30 cm, 8 mm dick
30 cm x 25 cm, 6 mm dick
Farben: Orange, Rot, Weiß, Schwarz, Gelb und Grün

Jetzt wird Ihr Heim zum Hühnerhof! Die drei Hennen bringen nicht nur Leben in Ihre Küche, sie sind auch ein hübscher Schmuck für die Osterzeit.

Sägen Sie das Standhuhn aus (die Standfüße nicht vergessen), und bearbeiten Sie alle Teile. Nun malen Sie den Kamm und das Kehlläppchen rot, den Schnabel und die Füße orange an.

Die Grasfläche ist grün, der Körper bleibt farblos. Mit Hilfe einer Ellipsenschablone können Sie das Auge mit einem schwarzen Stift ganz sauber aufmalen. Das Weiß des Auges nicht vergessen.

Das Huhn am Band wird genauso bemalt, die Legehenne mit den Haken bekommt ein gelbes Federkleid.

Soll Ihr Huhn als Handtuchhalter oder Schlüsselbord dienen, müssen von vorne drei Haken eingeschraubt werden (siehe Seite 6).

Gänsemarsch

Motivhöhen: ca. 36 cm, 31 cm und 25 cm

Sperrholz:
45 cm x 35 cm, 8 mm dick
40 cm x 30 cm, 6 mm dick
30 cm x 25 cm, 6 mm dick
Farben: Dunkelgrün, Weiß, Orange und Schwarz

Diese liebenswerten Gänse verbreiten gute Laune, mal als Standfigur mit Gras, mal als Stabdeko ohne Gras und mal als kleine Fensterbildgans.
Die Gänse, eventuell mit Standfüßen, werden ausgesägt und die Kanten mit Feile und Schleifpapier geglättet. Der Schnabel und die Füße werden orange, der Körper weiß und das Gras grün angemalt. Die Augen am besten mit Hilfe einer Ellipsenschablone einzeichnen.
Zum Schluß noch ein Schleifenband anbringen, und schon kann der Gänsemarsch beginnen.

Wer hat den schönsten Schnabel?

Theo, der Tukan

Motivhöhe: ca. 24 cm

Sperrholz:
35 cm x 30 cm, 6 mm dick
Farben: Schwarz, Weiß, Grün, Orange und Gelb

Sägen Sie den Tukan mit der Laubsäge aus, und bearbeiten Sie die Kanten. Nun können Sie den Vogel schön anmalen und auf der Rückseite einen Rundholzstab anleimen. Flachen Sie den Rundholzstab an der Leimstelle etwas ab, damit eine größere Klebefläche entsteht. Mit einem gelben Schleifenband versehen, ist dieser Tukan ein bunter Farbtupfer im Haus oder auf der Terrasse.

Raffael, der Rabe

Motivhöhe: ca. 30 cm

Sperrholz:
35 cm x 30 cm, 8 mm dick
Farben: Schwarz, Weiß, Orange und Hautfarben

Der kleine Rabe sorgt für Ordnung im Kinderzimmer. Nachdem Sie die Figur ausgesägt haben, werden die Kanten bearbeitet und das Holz bemalt. Drei Holzknöpfe, die Sie vorher hautfarben angemalt haben, werden von vorne angeschraubt. Um die Kindergarderobe an der Wand zu befestigen, können Sie beispielsweise Schrauben benutzen (siehe Seite 6).

Paul, der Pinguin

Motivhöhe: ca. 28 cm

Sperrholz:
35 cm x 30 cm, 6 mm dick
Farben: Weiß, Schwarz, Gelb und Orange

Der kleine Frackträger wird ausgesägt, die Kanten werden bearbeitet, und dann wird der kleine Bursche bemalt. Zum Aufmalen der Augen ist eine Ellipsenschablone hilfreich.
Damit der Pinguin nicht zwischen den Blüten versinkt, benötigt er noch einen Rundholzstab, der zuvor an der Leimstelle etwas abgeflacht wurde. Dieser Stab wird mit Holzleim auf der Rückseite fixiert. Sobald Sie dem kleinen Kerl eine Schleife umgebunden haben, kann er sich ein Plätzchen zwischen Ihren Blumen suchen.

Ein tolles Gespann

Molli, die Kuh

Motivhöhe: ca. 14 cm

Sperrholz:
25 cm x 20 cm, 6 mm dick
Farben: Grün, Weiß, Schwarz und Hautfarben

Die lila Kuh bekommt Konkurrenz! Molli wird ausgesägt, gesäubert und angemalt. Die Farben können Sie auf Ihre persönlichen Vorlieben abstimmen. Ein gebohrtes Loch dient zum Aufhängen des Tieres. Jetzt kann die kleine Kuh am Küchenfenster muhen.

MAX, DER FROSCH

Motivhöhe: ca. 23 cm

Sperrholz:
35 cm x 30 cm, 8 mm dick
Farben: Hautfarben, Weiß, Schwarz, Gelb, Hell- und Dunkelgrün

Wie wär's mit einem Froschkonzert in der Küche? Der Frosch wird mit Bodenfläche ausgesägt und versäubert. Nun malen Sie alle Flächen bunt aus, bevor Sie drei kleine Haken von vorne in das Holz drehen und Max an der Wand befestigen (siehe Seite 6).

Kribbel, krabbel, wir kommen!

Motivhöhe: ca. 18 cm

Sperrholz:
25 cm x 20 cm, 6 mm dick
Farben: Rot und Schwarz

Der Marienkäfer wird ausgesägt und mit Feile und Schleifpapier bearbeitet. Jetzt malen Sie den kleinen Kerl an und kleben einen abgeflachten Rundholzstab auf die Rückseite. Ein Schleifenband sollte nicht fehlen.
Schon kann der Marienkäfer in Ihrem Blumenkübel herumkrabbeln. Da er sich ohne einen Freund bestimmt sehr einsam fühlt, stellen Sie am besten noch weitere Krabbeltiere her.

Alles Tomate

Motivhöhe: ca. 22 cm

Sperrholz:
30 cm x 30 cm, 8 mm dick
Farben: Dunkelgrün, Rot und Schwarz

Dieser rote Blickfang wird genauso gefertigt wie das Gemüse auf Seite 30f.

NELLY, DAS SCHAF

Motivhöhe: ca. 24 cm

Sperrholz:
35 cm x 30 cm, 6 mm dick
Farben: Hautfarben, Schwarz und Weiß

Sägen Sie das Schäfchen aus, glätten Sie die Kanten, und malen Sie das Tier an. Als Stabdekoration erhält Nelly einen abgeflachten Rundholzstab angeleimt. Mit einer oder zwei Schleifen sieht sie noch hübscher aus.

BUNNY, DER HASE

Motivhöhe: ca. 32 cm

Sperrholz:
40 cm x 30 cm, 6 mm dick
Farben: Braun, Schwarz, Weiß und Rosa

Nach dem Aussägen müssen Sie die Kanten des Hasen mit Feile und Schleifpapier bearbeiten. Malen Sie die Flächen mit Farbe aus. Die Nase und das Auge können mit Hilfe einer Ellipsenschablone eingezeichnet werden. Nun leimen Sie einen auf einer Seite abgeflachten Rundholzstab auf der Rückseite an.
Zum Schluß erhält der kleine Mümmelmann noch eine oder zwei schöne Schleifen.

MECKY, DER IGEL

Motivhöhe: ca. 23 cm

Sperrholz:
30 cm x 20 cm, 6 mm dick
Farben: Weiß, Schwarz, Hautfarben und Braun

Das kleine Stacheltier wird ausgesägt, dann werden die Kanten bearbeitet und das Holz schön angemalt. Soll Mecky als Stabdekoration dienen, bekommt er einen im oberen Bereich abgeflachten Rundholzstab angeleimt. Wenn Sie den stacheligen Burschen ans Fenster hängen möchten, bohren Sie mit einem Holzbohrer ein Loch und ziehen ein schönes Schleifenband zum Aufhängen durch.

FRECHE RÜBCHEN

Motivlänge: ca. 38 cm und 32 cm

Sperrholz:
40 cm x 20 cm, 8 mm dick
40 cm x 20 cm, 6 mm dick
Farben: Orange und Grün

Die Rübchen werden ausgesägt, die Kanten geglättet und jedes Rübchen angemalt. Die große Mohrrübe erhält drei Holzknöpfe angeschraubt (Befestigungsmöglichkeiten siehe Seite 6) und dient als Trockentuchhalter in der Küche. Wollen Sie Ihre Rübchen in einen Blumentopf stecken, so leimen Sie einen im oberen Bereich abgeflachten Rundholzstab an und schmücken den Stab eventuell noch mit einem Schleifenband.

Das ist Lisas Zimmer!

Motivhöhe mit Buchstaben: ca. 30 cm

Sperrholz:
35 cm x 30 cm, 6 mm dick
Holzbuchstaben aus dem Handel
Farben: Hautfarben, Orange, Lila und Schwarz

Aha, hier wohnt also die kleine Lisa! Das Türschild mit dem knuffigen Teddy verrät es. Der Bär wird mit der Bodenfläche ausgesägt, geglättet und angemalt. Malen Sie die Buchstaben bunt an, und lassen Sie die Farbe trocknen, bevor Sie den Namenszug aufleimen. Anschließend wird eine kleine Schleife aus Schleifenband aufgeklebt. Um das Namensschild an der Kinderzimmertür zu fixieren, können Sie beispielsweise Klebekissen von UHU verwenden (siehe Seite 6).

Hier wohnt Jonas!

Motivlänge: ca. 32 cm

Sperrholz:
35 cm x 20 cm, 6 mm dick
Holzbuchstaben aus dem Handel
Farben: Grün, Grau, Hautfarben, Weiß, Schwarz, Blau, Orange, Lila, Rot und Gelb

Sägen Sie die Maus aus, und glätten Sie die Kanten. Dann werden alle Flächen und die Buchstaben bunt angemalt. Nachdem die Farbe getrocknet ist, leimen Sie die bunten Buchstaben auf die Grasfläche. Zum Befestigen des Namensschildes können Sie Klebekissen von UHU verwenden (siehe Seite 6). Nun finden wir auch das Zimmer des kleinen Jonas.

Die Schnecken-Post kommt!

Motivhöhe: ca. 28 cm

Sperrholz:
40 cm x 35 cm, 8 mm dick
Farben: Gelb, Weiß, Schwarz, Blau, Orange und Grün

Sägen Sie die Schnecke und die Standfüße aus, und bearbeiten Sie die Kanten. Nun können Sie das Tier bunt anmalen. Nach dem Trocknen der Farbe die Standfüße in das Grundteil stecken.
Fertig ist die Schneckenpost!

Wurmi, der Garderoben-halter

Motivlänge: ca. 38 cm

Sperrholz:
45 cm x 30 cm, 8 mm dick
Farben: Weiß, Schwarz, Gelb und Blau

Wurmi wird ausgesägt, versäubert und angemalt. Für das Auge und die Punkte sind eine Ellipsen- und eine Kreisschablone hilfreich.

Drei kleine Holzknöpfe, die Sie vorher in der Grundfarbe anmalen können, werden angeleimt oder angeschraubt. Nun fehlen noch die beiden Aufhängepunkte. Dazu durchbohren Sie Wurmi an zwei Stellen und schrauben zwei Linsenkopfmessingschrauben in die Wand. Die Dübel sollten Sie nicht vergessen, denn Wurmi hat einiges zu tragen.

Besuch aus dem Meer

Flossi, der Fisch

Motivhöhe: ca. 21 cm

Sperrholz: 30 cm x 30 cm, 6 mm dick
Farben: Blau, Gelb, Orange, Grün, Weiß und Schwarz

(Anleitung Seite 28)

Sägen Sie Flossi aus, und säubern Sie die Kanten. Um Auge und Punkte aufzumalen, sind eine Ellipsen- und eine Kreisschablone sehr hilfreich. Nachdem Sie alle Flächen bunt ausgemalt haben, können Sie den Fisch noch mit einem Rundholzstab versehen. Flachen Sie diesen vor dem Aufleimen etwas ab. Eine blaue Schleife ist eine hübsche Ergänzung.

POTTI, DER WAL

Motivlänge: ca. 30 cm

Sperrholz:
40 cm x 20 cm, 6 mm dick
Farben: Gelb, Weiß und Schwarz

Nach dem Aussägen und Bearbeiten der Kanten können Sie den kleinen Pottwal anmalen. Anschließend durchbohren Sie den Meeresbewohner mit Hilfe eines Holzbohrers und ziehen ein dünnes Schleifenband zum Aufhängen durch das Loch. Nun kann Potti an Ihrem Badezimmerfenster weiterschwimmen.

MARIE, DIE MUSCHEL

Motivhöhe: ca. 17 cm

Sperrholz:
25 cm x 25 cm, 8 mm dick
Farben: Blau und Schwarz

Die Muschel wird ausgesägt und geglättet. Jetzt malen Sie sie blau an und ergänzen die schwarzen Innenlinien. Danach schrauben Sie einen kleinen, blau angemalten Holzknopf an. Marie können Sie mit Klebekissen an der Wand befestigen (siehe Seite 6). Schon finden Waschlappen oder Handtuch einen passenden Haken in Ihrem Bad.

WIR SIND EINE LUSTIGE GESELLSCHAFT

Motivhöhe: ca. 23 cm

Sperrholz:
30 cm x 25 cm, 6 mm dick
Farben: Grau, Weiß, Schwarz, Gelb, Grün, Rosa, Lila, Hautfarben und Orange

Die Flattermänner werden ausgesägt, versäubert und angemalt. Entweder wird ein im oberen Bereich abgeflachter Rundholzstab angeleimt oder zum Aufhängen ein Loch in das Holz gebohrt, bevor die Schleifenbänder angebracht werden. Da sich ein einzelner Schmetterling recht einsam fühlt, sollten Sie gleich zwei oder drei bunte Falter anfertigen.

Gemüse, Gemüse, Gemüse

Zwiebel

Motivhöhe: ca. 27 cm

Sperrholz:
35 cm x 30 cm, 8 mm dick
Farben: Hautfarben, Braun, Grün und Schwarz

Radieschen

Motivlänge: ca. 40 cm

Sperrholz:
50 cm x 30 cm, 8 mm dick
Farben: Grün und Rot

Dieses Gemüse wächst in jeder Küche. Sägen Sie es aus, glätten Sie die Kanten, und bemalen Sie Zwiebel und Radieschen. Nun werden jeweils drei Holzknöpfe, die Sie vorher in der jeweiligen Grundfarbe angemalt haben, angeschraubt.
Damit Sie mehrere Trockentücher daranhängen können, müssen Sie das gewünschte Motiv auf geeignete Weise an der Wand befestigen, zum Beispiel mit Schrauben (siehe Seite 6). Auch als kleines Mitbringsel macht sich dieses knackige Gemüse gut.

Eifeler
Blinden-

Ich möchte ausreiten!

Motivhöhe: ca. 15 cm

Sperrholz:
25 cm x 20 cm, 6 mm dick
Farben: Gelb, Blau, Grün, Schwarz und Weiß

Dieses kleine Pferd wird im Nu die Herzen aller Pferdefreunde erobern. Sägen Sie es aus, und bearbeiten Sie die Kanten mit Feile und Schleifpapier. Nun wird das Pferdchen angemalt und zum Aufhängen mit einem Holzbohrer durchbohrt. Ziehen Sie ein rotes Schleifenband durch, und schon kann der Ausritt beginnen.